BEI GRIN MACHT SICH IHR WISSEN BEZAHLT

- Wir veröffentlichen Ihre Hausarbeit,
  Bachelor- und Masterarbeit

- Ihr eigenes eBook und Buch -
  weltweit in allen wichtigen Shops

- Verdienen Sie an jedem Verkauf

Jetzt bei www.GRIN.com hochladen
und kostenlos publizieren

Maria Blarr

Aus der Reihe: e-fellows.net stipendiaten-wissen

e-fellows.net (Hrsg.)

Band 831

Das Forum Gas exportierender Länder ist gegenwärtig kein Kartell

GRIN Verlag

Bibliografische Information der Deutschen Nationalbibliothek:

Die Deutsche Bibliothek verzeichnet diese Publikation in der Deutschen National-
bibliografie; detaillierte bibliografische Daten sind im Internet über http://dnb.d-
nb.de/ abrufbar.

Impressum:

Copyright © 2013 GRIN Verlag GmbH
Druck und Bindung: Books on Demand GmbH, Norderstedt Germany
ISBN: 978-3-656-51875-4

Dieses Buch bei GRIN:

http://www.grin.com/de/e-book/262550/das-forum-gas-exportierender-laender-ist-
gegenwaertig-kein-kartell

GRIN - Your knowledge has value

Der GRIN Verlag publiziert seit 1998 wissenschaftliche Arbeiten von Studenten, Hochschullehrern und anderen Akademikern als eBook und gedrucktes Buch. Die Verlagswebsite www.grin.com ist die ideale Plattform zur Veröffentlichung von Hausarbeiten, Abschlussarbeiten, wissenschaftlichen Aufsätzen, Dissertationen und Fachbüchern.

Besuchen Sie uns im Internet:

http://www.grin.com/

http://www.facebook.com/grincom

http://www.twitter.com/grin_com

Karlshochschule
International University

Das Forum Gas exportierender Länder ist gegenwärtig kein Kartell

Studiengang: Internationales Energiemanagement

Modul: NARES

vorgelegt von

Maria Blarr

Ort, Datum: Karlsruhe, 21. Juni 2013

„Als umweltverträglicher Energieträger, welcher auch bei steigendem Bedarf in [...] Europa den ökologischen Anforderungen unserer Zeit entspricht, wächst die Rolle des Erdgases auf dem Energiemarkt stetig."

Gazprom Germania (o.J.)

Einleitung

Der Energieträger Gas hat aktuell schon einen Anteil von 23,9% am globalen Primärenergieverbrauch (BP 2013), Tendenz steigend. Es existieren mehr gesicherte Gas- als Ölreserven auf der Welt.

Aufgrund des Shale Gas Booms und aktuellen Diskussionen um ein prognostiziertes Peak Oil-Szenario ist es eine bedeutende Frage, welche Machtposition das GECF *(= Gas Exporting Countries Forum)* innehat. Mit zurzeit über der Hälfte der weltweiten Reserven und Produktionen scheinen sie ein gefährlich hohes Machtpotenzial zu haben. Ein regelrechter Hype kam 2007 in den westlichen Medien auf, nachdem Putin den Vorschlag für die Bildung eines Gaskartells als „interessante Idee" bezeichnete (Wolkova 2007). Besonders für Europa, welches 2010 bei Gas eine Importabhängigkeit von über 62% hatte (European Commission 2012), ist es wichtig zu untersuchen, in welche Richtung sich das GECF seit 2007 bis heute entwickelt hat. Infolge dieser unbestreitbaren Gegebenheiten setze ich mich mit der Frage auseinander, ob das Forum Gas exportierender Länder gegenwärtig ein Kartell ist.

Was ist das GECF?

Das GECF ist eine Kooperation von Gas produzierenden Ländern, welche vorrangig als Plattform für Forschung und zum Erfahrungs- und Informationsaustausch dienen soll. Es verfolgt das Ziel, die Entwicklung der Gasmärkte international zu koordinieren und zur „Trusted Authority in Gas" zu werden (Leonid Bokhanovskiy 2013, S.1). Der Ursprung des Forums lässt sich auf das erste Treffen 2001 in Teheran zurückführen, an dem die Länder Algerien, Brunei, Indonesien, Iran, Katar, Malaysia, Oman, Russland, Turkmenistan und Norwegen (als Beobachter) teilgenommen haben. Seitdem wird jährlich eine Konferenz der Energieminister der Länder abgehalten. Bis

2008 sind die teilnehmenden Länder nicht konstant gewesen. Im Zuge des Treffens in Moskau 2008 wurde eine Charta unterschrieben und im Jahr darauf zum ersten Mal ein Generalsekretär gewählt. Der aus Russland stammende Leonid Bokhanovskiy amtiert seit dem 1. Januar 2010 bis heute. Der Sitz der ebenfalls 2008 entstandenen Verwaltung, des sogenannten „Sekretariats", ist in Katars Hauptstadt, Doha. Aktuell gibt es 13 Mitgliedsländer und vier Länder mit beobachtendem Status. Die Mitgliedsländer sind Ägypten, Algerien, Äquatorialguinea, Bolivien, Iran, Libyen, Katar, Nigeria, Oman, Russland, Trinidad und Tobago, Venezuela und die Vereinigten Arabischen Emirate. Die beobachtenden Länder sind Irak, Kasachstan, Niederlande und Norwegen.

Charakteristika eines Kartells

Um untersuchen zu können, ob das GECF Formen eines Kartells aufweist, definiere ich vorab die Charakteristika eines Kartells. Nach Alhajji und Huettner (1998) gibt es sechs Charakteristika, die ein Kartell ausmachen. Ein Kartell erkennt man daran, dass es...

- durch ein Quotensystem den Markt aufteilt.
- dieses Quotensystem überwacht, um Verstöße zu erkennen.
- über einen Bestrafungsmechanismus verfügt, um Betrüger zu bestrafen.
- sicherstellt, dass das Kartell, nicht das Mitgliedsland, Autorität durch eine vollstreckende Behörde hat.
- immer genügend (Geld-)Liquidität und (Güter-)Lagerung besitzt, um Preise zu regulieren.
- einen hohen Marktanteil hat, um den Markt kontrollieren zu können.

Das GECF ist ein Kartell

Nach Putins Äußerung 2007, dass die Bildung eines Kartells interessant sei, entstanden die meisten Studien zur Frage, ob das GECF ein Kartell ist. Das häufigste Argument, welches gegen das GECF als Kartell sprach, war dessen informelle Organisation (Mattes 2007). Mit der Unterschreibung der Charta, der Wahl eines Generalsekretärs und der Bildung einer Verwaltungsstruktur ist dieses Argument jedoch spätestens seit 2010 hinfällig (GECF 2013b).

Des Weiteren wurden häufig die Infrastruktur des Gasmarktes und die Bindung an den Ölpreis als Hinderungen für eine Kartellbildung genannt. Jedoch entwickelt sich der Markt durch erhöhte LNG-Kapazitäten immer mehr zu einem globalen Gasmarkt. Selbst Produzenten in langfristigen Lieferverträgen spüren Nachteile durch Spotmarkt-Preise. Dies liegt daran, dass nur noch die kleinste vereinbarte Menge durch den Vertrag abgenommen, und der Rest am billigeren Spotmarkt eingekauft wird (o.V. 2009). Deshalb ist die Entwicklung hin zu einem an den Handel angepassten Preis unumgänglich (Stern und Rogers 2011, S. 40f.). Somit gewinnt das GECF an Macht, da Preisbildung durch ein Gaskartell nur möglich ist, weil der Preis nicht mehr komplett an Öl gebunden ist.

Auch die Lagerung bzw. Zurückhaltung von Gas zur Preisbeeinflussung ist inzwischen realisierbar. Der Gasmarkt ist kein vollständig leitungsgebundener Markt mehr, sondern wird mehr und mehr vom weltweiten LNG-Handel beeinflusst.

Katar spielt darin eine besondere Rolle. Einerseits als weltweit größter Exporteur von LNG und andererseits weil es schon Züge eines „swing-producers" aufweist (Wangbara, O.N. 2006, S. 1231), was bedeutet, dass je nach Bedarf mehr oder weniger Gaskapazitäten bereitgestellt werden können.

Das schwerwiegendste Argument, warum das Forum Gas exportierender Länder ein Kartell bildet, ist der immens hohe Marktanteil,

> „verfügen die GECF-Staaten doch über 71% der nachgewiesenen globalen Erdgasreserven [...] und stellen über 40 % der Welterdgasproduktion" (Mattes 2007, S. 5).

Mit solch einem Marktanteil sind die produzierenden Länder in der Lage, die Angebotsseite hinreichend zu regulieren.

Das GECF ist kein Kartell

Nun komme ich zu den Gegenargumenten, die meine These belegen sollen. Das erste Argument ist, dass das GECF nicht durch Quoten den Markt aufteilt. Aus diesem Grund ergeben auch Kontrolle und Bestrafung der teilnehmenden Länder keinen Sinn. Somit erfüllt das Forum die ersten drei Charakteristika eines Kartells in keiner Weise.

Bis jetzt gab es nur unpräzise Hinweise zur Marktaufteilung. So schlug beispielsweise Russland dem Iran vor, er solle seine Bemühungen um die Erschließung neuer Märkte auf Süd-Asien konzentrieren, anstatt im europäischen Markt zu konkurrieren (o.V. 2009). Hier sieht man deutlich, dass der Gasmarkt noch nicht zu einem globalen Markt geworden, sondern immer noch hauptsächlich in regionale Märkte gegliedert ist. Diese sind der nordamerikanische, der europäisch-asiatische und der asiatisch-pazifische Markt (Westphal 2008, S. 3). Ein Kartell ist jedoch nur sinnvoll, wenn es einen funktionierenden, globalen Markt gibt.

Weiterhin ist das Forum zwar mittlerweile eine scheinbar organisierte Institution, jedoch fehlt ihr immer noch eine zielgerichtete Strategie. Es hat es sich gezeigt, dass die Kooperation der Mitgliedsstaaten nicht ausreicht, um den Markt zu regulieren (Orttung und Overland 2011, S.64).

Auch die Regulierung des Preises, welche allgemein als wichtigstes Kriterium für ein Kartell angesehen wird, ist im Fall des GECF aufgrund mehrerer Faktoren nicht möglich.

Gas war immer ein leitungsgebundenes Gut, bei welchem langfristige Lieferverträge von 20-25 Jahren zwischen Produzent und Abnehmer herrschten. Dies war nötig aufgrund von immensen Kosten bei der Exploration, der Förderung, dem Bau von Pipelines etc. (Mattes 2007, S. 4). Die zunehmende Nutzung von LNG ist jedoch kein direktes Argument für einen flexibleren, schnelleren Markt, da auch der Bau von Verflüssigungs- sowie Regasifizierungsanlagen sehr kapitalintensiv und die Vertragssituation ähnlich wie bei Pipelinegas ist (Goldthau 2008, S.261). Lange Lieferverträge verhindern die Bildung eines Kartells, da eine kurzfristige Beeinflussung des Preises ausgeschlossen ist.

Weitere entscheidende Faktoren, die das GECF an der Preisregulation hindern, sind die unterschiedlichen Interessen und Ziele der Mitgliedsstaaten. Warum diese Interessen so heterogen sind, untersuche ich anhand bestimmter Landesstrukturen (GECF 2013a) und den Daten des Berichts über die menschliche Entwicklung (DGVN 2013). Dafür habe ich die Länder Katar, Russland und Algerien ausgesucht, da zwischen diesen besonders große Unterschiede bestehen. Katar ist mit 11.600m² und 1,6Mio Einwohnern das kleinste unter den drei Ländern und mit Platz 36 in der Weltrangliste des HDR am höchsten platziert. Dies liegt unter anderem daran, dass es ein Bruttonationaleinkommen (BNE) pro Kopf von 77.987KKP$ hat. Katar und die Vereinigten Arabischen Emirate sind die einzigen der GECF-Mitgliedsländer, die unter die Kategorie „Sehr hohe menschliche Entwicklung" fallen. Russland und Algerien hingegen haben nur eine „hohe menschliche Entwicklung". Derzeit ist Russland auf Platz 55 und Algerien auf Platz 93, knapp vor der Grenze zu einer „mittleren menschlichen Entwicklung". Russland hat mit rund 142 Mio. Einwohnern etwa die 88-fache Einwohnerzahl von Katar und fast vierfache Einwohnerzahl von Algerien mit über 37Mio Einwohnern. Das BNE pro Kopf liegt in den beiden letzteren Ländern nah beieinander, mit 14,808KKP$ in Russland und 7,643KKP$ in Algerien. Zusammengefasst bedeutet dies: Katar ist ein sehr kleines, reiches und hochentwickeltes Land, Russland ein extrem großes, aber relativ armes und Algerien ein mittelgroßes und extrem armes Land. Deshalb war Algerien eines der Länder, die am stärksten vom Preisverfall während der Weltwirtschaftskrise betroffen waren. Auf die Forderung Algeriens, die Gasproduktion zu drosseln, um die Preise künstlich zu erhöhen, sind Russland und Katar nicht eingegangen. Die einzelnen Länder des GECF haben so unterschiedliche Standards und Levels der Entwicklung, dass sie, wie in diesem Fall bewiesen, nicht alle am selben Strang ziehen können und wollen (Orttung und Overland 2011, S. 63).

Auch das ausschlaggebendste Argument, dass das Forum über einen enorm hohen Marktanteil verfügt, lässt sich leicht relativieren, da es auf den betrachteten Markt ankommt. Nicht alle Märkte würden sich durch ein Kartell regulieren lassen. Die EU etwa würde ein solches Vorgehen rechtlich nicht akzeptieren und Konsequenzen daraus ziehen (o.V. 2006). Ein wachsender Markt wie China könnte ansteigende Preise umgehen, indem es sich einen günstigeren Lieferanten sucht.

Dies wird dadurch möglich, dass die Mitgliedstaaten des GECF zwar einen hohen Anteil haben, nicht jedoch über alle Reserven und die komplette Produktion verfügen. Länder mit hohen Reserven wie die Vereinigten Staaten, Australien und Norwegen (IEA 2012, S. 69) sind keine Mitgliedstaaten und erhöhen den Wettbewerbsdruck.

Der Wettbewerbsdruck steigt auch durch den Wandel der USA vom Importeur zum voraussichtlichen Exporteur aufgrund des Shale Gas Booms. Dieser hat innerhalb weniger Jahre die Preise am Henry Hub um 40% sinken lassen und die Struktur des Marktes flexibilisiert (Medlock III. 2011, S. 41).

Fazit

Die Quelle für Charakteristika eines Kartells stammt von 1998, was im Vergleich zu allen anderen Quellen sehr alt ist, aber in dieser Quelle werden mehrere vergangene Güter-Kartelle wie Diamanten, Kaffee und Öl miteinander verglichen. Dies war für mich persönlich wichtig, da die Definition von einem fundierten Verständnis hergeleitet sein sollte.

Wenn ich nun anhand dieser Charakteristika nochmals rekapituliere, bestätigt sich meine These, dass das GECF gegenwärtig kein Kartell ist.

Das GECF besitzt zwar mittlerweile in Form des Generalsekretärs eine exekutive Autorität, aber was nutzt eine Autorität, wenn sie nicht dazu in der Lage ist, eine Strategie zu entwickeln und durchzusetzen?

Meines Erachtens verhindert vor allem die immer noch stark regional geprägte Struktur des Marktes die Bildung eines Gaskartells. Der globale LNG-Markt und somit flexible Gasmarkt befindet sich noch in der Entwicklungsphase. Ebenso verhält es sich mit der Abkopplung von der Ölpreisbindung. Erst wenn der Gaspreis vollständig vom Ölpreis, und somit von der OPEC, gelöst ist und eine Anpassung der Verkaufskapazitäten möglich ist, dann besteht die Möglichkeit, dass ein Gaskartell den Preis reguliert. In diesem Punkt stimme ich mit der Studie von Stern und Rogers überein. Sie ist eine der besten Quellen, da sie sowohl aktuell als auch fundiert ist.

Wenn sich der Gasmarkt, wie es momentan scheint, weiter globalisiert und die Mitgliedsländer des GECF ein gemeinsames Ziel verfolgen, dann besteht die Möglichkeit, dass sie in Zukunft ein Kartell bilden. Wie ich mit der vorhergehenden Argumentation gezeigt habe, bin ich allerdings der Meinung, dass dies momentan definitiv nicht der Fall ist. Die GECF ist gegenwärtig kein Kartell.

Literaturverzeichnis

Alhajji, A.F. und Huettner, D. (1998), "OPEC and other commodity cartels: a comparison", *Energy Policy*, Nr. 28, S. 1151-1164.

BP (2013), "Statistical Review of World Energy 2013", http://www.bp.com/en/global/corporate/about-bp/statistical-review-of-world-energy-2013.html (letzter Zugriff am 20.06.13).

DGVN (2013), *Bericht über die menschliche Entwicklung 2013 – Der Aufstieg des Südens*, Deutsche Gesellschaft für die Vereinten Nationen e.V., Berlin.

European Commission (2012), „Energy production and imports", http://epp.eurostat.ec.europa.eu/statistics_explained/index.php/Energy_production_and_imports (letzter Zugriff am 20.06.13).

Gas Exporting Countries Forum (2013a), "GECF Members", http://www.gecf.org/gecfmembers (letzter Zugriff am 20.06.13).

Gas Exporting Countries Forum (2013b), "GECF History", http://www.gecf.org/Resource/GECF-History-File.pdf (letzter Zugriff am 20.06.13).

Gazprom Germania (o.J.), „Erdgas - sicherer, umweltverträglicher und effizienter Energieträger", http://www.gazprom-germania.de/erdgaswissen/energietraeger-erdgas.html (letzter Zugriff am 20.06.13).

Goldthau, A. (2008), „Gaskartell unter russischer Führung?" in Braml, J. et al (Hrsg.) *Weltverträgliche Energiesicherheitspolitik*, Oldenbourg, München.

IEA (2012), „Golden Rules for a Golden Age of Gas" *World Energy Outlook - Special Report on unconventional Gas*, International Energy Agency, Paris.

Leonid Bokhanovskiy (2013), "Statement of Secretary General" http://www.gecf.org/Resource/Uploads/Interviews/QandAforSG.pdf (letzter Zufgriff am 20.06.13).

Mattes, H. (2007), *Die „Gas-OPEC"- Schwierigkeiten einer Kartellbildung* Leibnitz-Institut für globale und regionale Studien, Hamburg.

Medlock III., K.B. (2011), "Modeling the implications of expanded US shale gas production", *Energy Strategy Reviews*, no. 1 (2012), S. 33-41.

Orttung, R.W. und Overland, I. (2011), "Russia and the Formation of a Gas Cartel", *Problems of Post-Communism*, vol. 58, no. 3, S. 53-66.

o.V. (2006), "GECF no threat of gas OPEC" *MarketWatch: Global Round-up*, vol. 5 no. 11, S. 153-154.

o.V. (2009), "Russia Ring Leader" *The Economist - Economist Intelligence Unit*, vol. 38, no. 47, S. 1-2.

Stern, J. und Rogers, H. (2011), *The Transition to Hub-Based Gas Pricing in Continental Europe,* The Oxford Institute for Energy Studies, Oxford.

Wagbara, O.N. (2006), "How would the gas exporting countries forum influence gas trade?" *Energy Policy,* Nr. 35, S. 1224-1237.

Westphal, K. (2008), „Russland und die Energiekartelle – Steht eine Wende in der russischen Energiepolitik bevor?" *SWP-Aktuell*, Nr. 80.

Wolkova, I. (2007), „GECF kontrolliert die Gaswelt – Gasexporteure gründen in Katar eine neue Organisation", https://www.neues-deutschland.de/artikel/107927.gecf-kontrolliert-die-gaswelt.html (letzter Zugriff am 20.06.13).